SOLUTION DU PROBLÈME

DE LA

NAVIGATION DANS L'AIR

PAR LA DIRECTION DES AÉROSTATS

EXPOSÉ

D'UN NOUVEAU SYSTÈME DE DIRECTION

PAR

L. DAVID

Membre de la Société des sciences et de médecine de France

* * *

PÁRIS

LIBRAIRIE DE FRÉDÉRIC HENRY

PALAIS-ROYAL, GALERIE D'ORLÉANS, 12

1864

SOLUTION DU PROBLÈME

DE LA

NAVIGATION DANS L'AIR

PARIS

IMPRIMERIE DE L. TINTERLIN ET Cᵒ

Rue Neuve-des-Bons-Enfants, 3

SOLUTION DU PROBLÈME

DE LA

NAVIGATION DANS L'AIR

PAR LA DIRECTION DES AÉROSTATS

EXPOSÉ

D'UN NOUVEAU SYSTÈME DE DIRECTION

PAR

L. DAVID

Membre de la Société aérostatique et météorologique de France.

————— ᴣ ᴄ —————

PARIS

LIBRAIRIE DE FRÉDÉRIC HENRY

PALAIS-ROYAL, GALERIE D'ORLÉANS, 12

—

1864

UN MOT AU LECTEUR

L'étude des moyens d'arriver à la création d'une nautique aérienne est si pleine
d'attraits et de séduisantes promesses, que
malgré les devoirs et les charges d'une pro-
fession qui me laisse peu de loisirs, je n'ai
pu résister au désir de lui consacrer quelques moments.

Les expériences que j'ai faites m'ont démontré non-seulement la possibilité, mais

encore la facilité de diriger une machine aérostatique dans l'air. Un petit aérostat de 5 mètres de longueur sur un diamètre moyen de 1 mètre 20, avec son gouvernail, son plan vertical, et armé d'une seule hélice à deux branches à l'arrière, mue par un mouvement d'horlogerie, a fonctionné en plein air, à diverses reprises, et m'a offert le curieux spectacle d'un enfant presque au maillot, essayant ses premiers pas. Ce petit appareil, par un vent assez sensible et qui l'entraînait en dérive quand l'hélice ne fonctionnait pas, a marché cependant, et très-bien. Construit, équipé dans les ateliers de la Société aérostatique et météorologique de France, il a parcouru dans les jardins, libre, conve-

nablement lesté, et se soutenant de lui-
même à une hauteur de trois à quatre
mètres du sol, avec une vitesse de quatre
à cinq mètres par seconde, un espace de
cent mètres, en déviant très-peu. Il est
revenu par le même chemin à son point
de départ, mais avec une vitesse moindre ;
il ne faisait alors que deux mètres par
seconde. C'était un spectacle plein d'intérêt,
et de nature à ne laisser aucun doute sur
l'avenir de la locomotion nouvelle, que celui de la lutte laborieusement soutenue
contre le vent par cet enfant de l'air, dont
la complexion était évidemment trop faible, et qui néanmoins accomplissait sa
tâche.

Cette expérience a été répétée plusieurs

fois, et toujours avec succès, dans le courant des années 1861 et 1862.

. . . .

. . . .

La publication du Mémoire actuel, dans lequel j'expose aussi succinctement, aussi simplement qu'il m'a été possible de le faire, mes idées générales en aérostatique, doit le jour au singulier effet produit en moi par la publication récente d'une pièce curieuse, fanfaronne, remplie de grossières erreurs, — emphatiquement intitulée : *Manifeste*, — et dans laquelle on déclarait que ce qui avait nui à la direction des ballons, c'étaient... les ballons, et qu'il fallait les supprimer !

Il ne faudrait pas qu'on pût prendre

au sérieux tout ce qui se dit ou se fait en ce moment sur cette grande question si peu connue généralement. Le travail d'un homme consciencieux pourra démontrer au public dans quelles erreurs on voulait l'induire, et quel cas il doit faire de cette téméraire doctrine, si légèrement et si bruyamment émise, qui prétend vouer les ballons à une éternelle stérilité.

Paris, 22 novembre 1863.

SOLUTION DU PROBLÈME

DE LA

NAVIGATION DANS L'AIR

CHAPITRE PREMIER

DE LA POSSIBILITÉ DE VOYAGER DANS L'AIR

Un grand nombre de personnes, même parmi celles qui liront cet opuscule, ont de la peine à se familiariser avec l'idée qu'on puisse voyager dans l'air.

Les difficultés réelles d'une pareille entreprise, les nombreux échecs essuyés dans les divers essais tentés jusqu'à ce jour, la nouveauté, l'originalité d'un mode de transport si différent de ceux employés jusqu'ici, sont autant de raisons qui expliquent jusqu'à un certain point les préjugés du public au sujet de cet intéressant problème ; mais ce qui a par dessus tout contribué au développement et au maintien de ces préjugés, c'est l'hostilité manifestée de tout temps, et surtout de nos jours, par la science officielle à la navigation aérienne.

Tout le monde sait, en effet, que la science officielle a toujours accueilli avec une défaveur marquée les travaux ayant trait à la navigation aérienne, et qu'elle a été jusqu'à déclarer cette navigation *impossible*.

Quels sont donc ses arguments pour une appréciation aussi défavorable ?

Ils peuvent se résumer en deux mots : — assigner arbitrairement, en cette matière, des limites à l'intelligence humaine, et rejeter sans examen, comme entachée d'utopie ou de

folie, toute idée nouvelle qui tend à dépasser
ces limites imaginaires.

La vraie science, qu'il me soit permis de
le dire, procède d'une toute autre manière.
Elle n'oublie pas que l'homme n'est le roi de
la création que par son intelligence; elle sait
les prodiges qu'a déjà accompli cette intelligence, et elle a la prescience de ceux qu'elle
doit accomplir encore. Elle sait que l'homme,
à l'état de nature, est souvent inférieur sous
le rapport physique aux autres animaux, et
que néanmoins il leur devient toujours supérieur quand il appelle à son aide les forces
contenues en germe au sein de la nature, et
qu'il les assouplit à son usage.

Lui si chétif et si faible en apparence, il
soulève les montagnes, il dépasse en vitesse
les cerfs et les animaux les plus agiles; il
parcourt à son gré l'empire des mers; il produit et maîtrise la foudre; il parvient à domp-
ter les éléments les plus terribles!

Il fait tout cela et bien d'autres choses encore! Pourquoi donc ne pourrait-il faire ce que font le plus petit oiseau et le plus vil insecte, — se maintenir et se diriger dans l'air?

Avant que le premier tronc d'arbre creusé par la main de l'homme eût été lancé sur les flots, bien hardi aurait paru celui qui serait venu prédire aux hommes qu'un jour de gros navires parcourraient d'une extrémité à l'autre l'immensité de l'Océan. Toutes les académies de l'univers, si à cette époque il y eût eu des académies, n'auraient pas manqué de traiter le prophète d'insensé, de songe-creux et de rêveur. Pourtant le miracle s'est accompli à la lettre, et nous voyons aujourd'hui, sans le moindre étonnement, toutes les mers du globe sillonnées de navires portant, d'un bout du monde à l'autre, des multitudes de voyageurs et les innombrables produits qu'échangent entre eux les différents peuples.

N'y a-t-il pas dans cet exemple de quoi ébranler les plus incrédules?

Entre le cas que je viens de citer et celui qui nous occupe, la question prise à ses débuts est d'une frappante analogie. Réduit aux seules facultés qu'il tient de la nature, l'homme n'est pas plus fait pour voyager sur l'eau que pour voyager dans l'air. Les difficultés des deux côtés sont pour lui exactement les mêmes. Or, s'il a pu vaincre ces difficultés dans le premier cas, n'est-il pas naturel de penser, et ne doit-on pas même forcément conclure, que tôt ou tard il parviendra aussi à les maîtriser dans le second?

La question d'ailleurs n'est déjà plus tout entière à l'état de problème. Elle a fait un premier pas, un pas immense, le jour où le génie immortel des frères Montgolfier a doté le monde de l'invention des aérostats.

Grâce, en effet, à cette admirable découverte, l'homme peut déjà, comme l'oiseau, s'élancer et planer dans l'air !

Il ne lui reste plus qu'à s'y diriger.

Je démontrerai plus loin que ce second et dernier pas est lui-même bien près de se faire, qu'il est même théoriquement fait, et que sa mise en pratique ne dépend plus, à l'heure qu'il est, que d'une condition tout à fait secondaire, la réalisation du capital nécessaire pour construire le premier navire aérien *dirigeable*.

CHAPITRE II

Lorsqu'on se livre à la recherche des moyens de voyager dans l'air, on a tout d'abord le choix entre deux systèmes bien distincts.

Le premier, le plus simple en apparence, consiste à imiter le vol de l'oiseau; par conséquent, à s'élever, se maintenir et se diriger comme lui dans l'air par des moyens purement mécaniques.

Le second consiste dans l'emploi simultané : 1° D'une force ascensionnelle spontanée obtenue par une augmentation de volume et à l'aide d'un fluide plus léger que l'air; 2° et de moyens mécaniques ayant pour objet de produire une direction dans un sens déterminé.

A mes débuts dans l'étude de la navigation aérienne (il y a dix ans de cela), j'ai été séduit par le premier de ces systèmes, et pendant quelque temps j'ai fondé sur lui de grandes espérances. Je m'étais dit : — Dieu est l'architecte par excellence. — Tout ce qu'il a fait est admirablement bien fait. — Dans ses élans vers le progrès, ce que l'homme a de mieux à faire sans doute, c'est de l'imiter. — Or, Dieu a fait l'oiseau qui vole ; si l'homme veut voler, il doit prendre l'oiseau pour modèle.

Ce raisonnement m'amenait forcément à la suppression de toute force ascensionnelle obtenue par une augmentation de volume et

à l'aide d'un fluide plus léger que l'air ; car
il est bien évident que l'oiseau n'est muni
d'aucune force ascensionnelle de ce genre, et
qu'il ne se soutient dans l'air que par l'effet
de moyens mécaniques prenant leur point
d'appui sur les couches d'air qu'il traverse.

Partant de ces idées, j'avais imaginé un appareil fort simple comprénant : — Une immense hélice horizontale à quatre branches,
articulée et légèrement inclinée en avant,
pour procurer à la fois l'ascension et la marche, — un plan incliné, pour aider à la sus-
pension et à la direction de l'appareil pendant
la marche, — un gouvernail, — et enfin une
nacelle pour contenir les voyageurs et le
moteur.

Tout cela devait marcher !!!

Mais je ne tardai pas à être effrayé de la
fragilité d'une semblable machine et des périls de toute sorte auxquels son équipage serait continuellement exposé, et je dus renon-

cer à ce système presque aussitôt après l'avoir conçu.

Au nombre des raisons qui me firent prendre cette détermination, je signale les suivantes :

I. — La nacelle destinée à contenir les voyageurs ne pourrait, dans un appareil de ce genre, être reliée à l'hélice ascensionnelle que par l'essieu de cette hélice. Les voyageurs se trouveraient ainsi (chose affreuse et dont la seule pensée épouvante l'imagination), *suspendus par un point unique au milieu de l'immensité !*

II. — Tout le poids de l'appareil porterait nécessairement sur le boulon ou point d'arrêt placé à l'extrémité inférieure de l'essieu, et il en résulterait un frottement considérable, de nature à empêcher que le mouvement de rotation de l'hélice pût acquérir une vitesse suffisante.

III. — L'équilibre pourrait être rompu par
le moindre déplacement du centre de gravité
de la machine, et par suite un semblable appareil ne pourrait jamais transporter qu'un
ou quelques hommes, et encore à la condition
expresse qu'ils ne s'écarteraient jamais de la
place qui leur serait assignée au milieu de la
nacelle.

IV. — Le moindre courant d'air agissant
sur l'appareil dans une direction oblique, aurait pour effet de le faire osciller, d'en dé-
truire la stabilité, et de l'exposer, par suite,
à chavirer.

V. — Enfin un simple arrêt du mouvement
de rotation de l'hélice, la rupture d'une de
ses branches, celle de l'essieu, ou tout autre
accident de ce genre, rendrait une catastro-
phe à peu près inévitable, car la force d'ascension disparaîtrait immédiatement, et les
voyageurs, précipités vers la terre, n'auraient

plus de chance de salut que dans l'emploi du parachute, qui, on le sait, présente toujours des dangers, et qui en présenterait alors d'autant plus qu'on ne serait pas préparé à l'avance à en faire usage.

Ces inconvénients, comme on le voit, ont une gravité qu'on ne peut méconnaître, et il faut en conclure que les moyens purement mécaniques ne pourront jamais rendre de grands services en matière de navigation aérienne.

Mais, pourra-t-on m'objecter, l'oiseau n'a que ces moyens à son service, et cependant il vole.

Cela est vrai. Mais en cette matière comme en beaucoup d'autres, l'imitation servile et absolue de la nature est chose impossible. L'oiseau ne se sert pas d'hélice ; il a des ailes qui sont solidement attachées aux muscles de son corps. Il n'a pas à craindre le déplacement de son centre de gravité, car il ne porte que

lui seul, et les diverses parties de son être,
réparties de manière à s'équilibrer mutuelle-
ment, ne peuvent se déplacer et produire
ainsi une rupture d'équilibre. Enfin, il est
maître absolu de ses mouvements ; il peut
à son gré élever, baisser, tourner, onduler
chacun de ses organes, ce que ne pourra jamais faire une simple machine, si bien agencée
qu'on la suppose.

La navigation aérienne purement mécanique pourra recevoir dans l'avenir quelques
rares applications. Il se rencontrera sans
doute, de temps à autre, des hommes hardis
qui ne reculeront pas devant les dangers
qu'elle présente et oseront les affronter, soit
par pure forfanterie, soit dans un but de spé-
culation et pour exciter la curiosité publique.
Mais jamais on ne fera de cette sorte de navigation un mode de transport régulier, général,
présentant assez de sécurité pour que le public
tout entier puisse se décider à en faire usage.

Il est des individus qui marchent sur la corde raide. Personne cependant n'oserait prétendre que cette manière de marcher pût devenir d'un usage général et remplacer la marche ordinaire.

Il en sera de même du vol mécanique. Les acrobates s'en serviront, et cela avec d'autant plus de succès que les dangers à affronter seront plus grands. Mais là se bornera son rôle. Il ne sera jamais qu'un *tour de force* (1).

(1) Dans son excellent *Manuel de l'Aéronaute*, publié en 1850, M. Dupuis-Delcourt, aujourd'hui le doyen des aéronautes français, et l'un des hommes les plus compétents de notre époque en matière d'aérostation, discourant sur cette même question du vol artificiel comparé à l'aérostatique (*Chapitre premier : Tentatives faites pour s'élever dans les airs avant Montgolfier*), avait dit de son côté :

« Qu'on veuille bien y réfléchir, le vol artificiel trouvé,
« et même rendu facile, ne présenterait que de bien fai-
« bles ressources à la navigation aérienne. Une machine
« volante, un homme s'élevant artificiellement dans l'air,
« ne sera jamais qu'un nageur qui traverse au besoin une
« rivière le sac sur le dos ; ce sera tout au plus un cour-
« rier porteur de dépêches pressées, et qui serait propre

Le vol mécanique écarté, reste le second des systèmes indiqués en tète du présent chapitre, c'est-à-dire l'emploi simultané d'une force ascensionnelle spontanée et de moyens mécaniques, en d'autres termes la navigation aérienne *par la direction des aérostats*.

C'est ce second système qui a fait dans ces derniers temps l'objet de toutes mes recherches. De son étude spéciale est résultée pour moi la conviction qu'il est le meilleur, qu'il présente infiniment moins de dangers que le premier, qu'il peut seul permettre le transport des voyageurs et des marchandises par fortes quantités et sur une large échelle, et

« à être employé par le gouvernement ou à rendre des
« services privés à une grande compagnie financière ; ce
« serait encore, si on le veut, un homme dévoué, un
« hardi voyageur allant explorer les déserts de l'Afrique,
« aux risques d'y être dévoré, ou d'y demeurer, sans dé-
« fense et sans retraite possible, à la merci d'hommes
« inconnus, si le moindre rouage, si le moindre fil vient
« à détraquer ses ailes, sa voiture ou son bateau volant. »

que c'est par lui que nous aurons véritable-
ment et définitivement LA NAVIGATION DANS
L'AIR !

Avec ce système, en effet, plus de ces dangers incessants, de ces restrictions, de ces
entraves qui paralysent le vol mécanique.
Tout se passe grandement, noblement, et avec
la plus entière sécurité. Il n'est plus besoin
de faire violence par de multiples et fatigants
efforts à cette loi immuable de la nature qu'on
nomme la pesanteur. C'est, au contraire, en
vertu de cette loi que le navire aérien plane
majestueusement dans l'espace ! Arrivé aux
limites où il trouve son équilibre, il est chez
lui, sur son terrain, tout aussi solidement
installé que peuvent l'être, sur leurs éléments
respectifs, le véhicule qui roule sur le sol ou
le vaisseau qui vogue sur les flots. La nacelle
et les voyageurs ne sont plus suspendus par
un point unique au milieu de l'immensité.
Loin de là. Reliés à l'aérostat par de nom-

breuses et solides attaches, ils font pour ainsi dire corps avec lui, et participent ainsi de la situation à la fois tranquille et forte dans laquelle il se trouve.

Quoi de plus admirable et de plus encourageant que ce tableau essentiellement vrai de la future nautique aérienne, et combien il laisse loin derrière lui les résultats à la fois si restreints et si périlleux du vol mécanique!

CHAPITRE III

RÉFUTATION DES OBJECTIONS FAITES CONTRE LA
DIRECTION DES AÉROSTATS

Le second des systèmes indiqués dans le
chapitre qui précède consiste, comme je l'ai
dit ci-dessus, dans l'emploi simultané d'une
force ascensionnelle spontanée et de moyens
mécaniques. Tout le monde sait que la force
ascensionnelle spontanée s'obtient à l'aide
d'un récipient en étoffe rempli de gaz, appelé
aérostat ou ballon. — Quant aux moyens
mécaniques, j'indiquerai ceux que je propose
dans le chapitre qui va suivre.

3.

On a longtemps prétendu, et quelques personnes prétendent encore, que le système dont je m'occupe ne peut recevoir de réalisation ; en d'autres termes, que la direction des aérostats est impossible.

Parmi les arguments invoqués contre ce système, il en est beaucoup qui portent sur de simples questions de détail, telles que la déperdition du gaz, la difficulté de remplacer celui qui s'échappe quand on est dans l'air, les différences de volume qui se produisent par suite de la dilatation du gaz et des variations de la température, la prétendue impossibilité de descendre et remonter sans perte de lest ni de gaz, etc., etc.

Je ne m'occuperai point ici de ces objections, mal fondées pour la plupart, et qui ne s'appliquent d'ailleurs qu'à des inconvénients d'un ordre tout à fait secondaire. Toutes les innovations, et surtout celles de l'importance d'une nautique nouvelle, comportent à leurs débuts des difficultés, des imperfections auxquelles la pratique seule peut remédier. Par l'exemple de ce qui a eu lieu pour les découvertes antérieures, on peut affirmer hardiment que le temps et l'expérience se chargeront de faire disparaître ces difficultés et ces imperfections, lorsque le problème de la direction des aérostats aura passé du domaine de la théorie dans celui de la pratique.

Mais en dehors de ces critiques sans importance, il a été fait au nouvel art deux objections d'une gravité réelle et qui portent sur le principe même du système que je défends. Elles valent la peine d'être réfutées, et je vais y répondre.

Première objection. — On a prétendu que la force ascensionnelle d'un ballon ne pouvant s'obtenir qu'à l'aide d'une grande augmentation de surface, la résistance de l'air contre cette surface paralyserait toujours les efforts tendant à le faire mouvoir. On a dit : Une machine attelée à un ballon, c'est le mouvement associé à l'immobilité ; c'est une locomotive que l'on attellerait à une cathédrale pour la faire changer de place ; etc., etc.

Ceux qui raisonnent ainsi n'ont sans doute jamais vu ce qui se passe lorsqu'on transporte d'un lieu dans un autre, sans quitter le sol, un ballon rempli de gaz, car ce simple examen leur aurait démontré que les impossibilités qu'ils proclament avec tant d'emphase n'existent que dans leur imagination. La résistance dont ils se préoccupent est si peu *insurmontable*, que la force d'un seul homme dans ce cas (à moins de vent violent), suffit et au delà pour la vaincre. Si, dans ces sortes de manœuvres, on en emploie ordinairement plusieurs, ce n'est pas, comme on pourrait le croire, pour obtenir une plus grande puissance de traction, mais bien pour contre-balancer la force ascensionnelle du ballon, qui, sans un contre-poids suffisant, ne tarderait pas à s'enlever, en emportant avec lui l'homme chargé de le manœuvrer.

A côté de ce fait si décisif, en voici un autre qui ne l'est pas moins, et qui a, en outre, l'avantage d'être plus généralement connu.

Chacun sait avec quelle rapidité le ballon monte dans l'espace, quand il est dégagé des liens qui le retenaient au sol.

Si la résistance qu'il rencontre dans l'air était ce qu'on prétend, il faudrait une force prodigieuse pour lui imprimer une pareille vitesse.

Or, veut-on savoir en quoi consiste cette force ?

En une rupture d'équilibre de quelques kilogrammes. (Dix, vingt ou trente environ, selon la dimension de l'aréostat.)

Cela représente beaucoup moins que la force d'un homme.

Ce que cette force si restreinte peut produire dans le sens *vertical*, elle pourrait le produire également dans le sens *horizontal*, car la résistance de l'air est la même dans tous les sens.

Donc il faudrait, ce dernier fait le prouve sans réplique, moins que la force d'un homme pour ébranler et faire marcher cette prétendue *cathédrale* vouée de par la fantaisie de ses adversaires à une perpétuelle immobilité !

Ces critiques si ardentes, on le voit, ne reposent que sur des hypothèses purement imaginaires, et il est vraiment inexplicable que des hommes sérieux, et doués d'un véritable savoir, puissent se faire l'écho de pareilles banalités.

Sans doute l'augmentation de surface augmente la résistance, mais l'air dans lequel flotte le ballon est un fluide si léger et si diaphane (l'air a environ neuf cents fois moins

de densité que l'eau), que cette augmentation
est vraiment insignifiante.

Si d'un autre côté on considère que le
ballon n'éprouve jamais le moindre frottement, ce qui est une cause énorme de dimi-
nution de vitesse pour les véhicules marchant
sur le sol. Si enfin l'on tient compte de sa
forme convexe, forme toute favorable et de
nature à diminuer sensiblement la résistance
on comprendra sans peine que malgré son
volume, le ballon se trouve placé dans d'excel-
lentes conditions pour la marche, et qu'il
n'est pas besoin d'une bien grande force pour
le mettre en mouvement.

Deuxième objection. — La seconde objection
est tirée de l'action du vent sur la surface du
ballon. — Quoi que l'on puisse faire, a-t-on
dit, le vent emportera toujours avec lui et le
ballon sur lequel, à cause de son immense surface, il exercera une pression irrésistible, et les

engins avec lesquels on essaiera de le diriger.

Cette objection est sérieuse. Elle m'a vivement et longtemps préoccupé. La difficulté qu'elle signale est certainement la plus grande qui se soit jusqu'ici opposée aux progrès de la navigation aérienne ; et tout porte à croire que sans cette difficulté la direction des ballons serait à l'heure qu'il est en pleine voie de réalisation.

Il y a donc là une grande difficulté, je le concède volontiers à mes adversaires. Mais cette difficulté, est-il possible, oui ou non, d'en avoir raison et de la vaincre ? — Là est toute la question.

Mes adversaires répondent *non*.

Moi je réponds *oui*, et je vais le prouver.

Je commence par expliquer comment se produit l'action du vent sur le ballon.

Le ballon libre dans l'air et livré à lui-même est, de la manière la plus absolue, l'esclave du vent. Il marche avec lui et obéit servilement aux moindres de ses caprices.

Quelle est la cause de cet asservissement?

Est-ce la force considérable du vent?

Non, car le moindre courant entraîne le ballon aussi bien que le vent le plus fort. Sa vitesse alors est moindre à la vérité, mais c'est parce que le vent lui-même *marche moins vite*.

Est-ce l'immense surface du ballon?

Non encore, car le plus petit ballon subit l'influence du vent tout autant que le plus grand. Lancez à la fois dans l'air un ballonneau d'un mètre de diamètre et un ballon d'un diamètre vingt fois plus considérable, vous les verrez se suivre toujours, et le plus petit marchera tout aussi vite que le plus grand.

Le véritable motif de cette domination complète du vent sur le ballon, c'est l'absence de toute résistance dans le sens opposé à la pression du vent.

Les molécules de l'air qui entoure le ballon, aussi bien devant que derrière et sur les côtés, marchant toutes dans le même sens, il ne s'en peut rencontrer aucune qui fasse résistance. Le ballon se trouve par suite, nécessairement et irrésistiblement, emporté par le milieu dans lequel il se trouve, absolument de la même manière que sur un chemin de fer le voyageur est emporté par le wagon qui le renferme.

Les voiles du vaisseau qui vogue sur la mer reçoivent aussi l'impulsion du vent; leur dimension aussi est considérable, et cependant le vent, loin d'être un obstacle à la navigation maritime, est, au contraire, l'un de ses plus puissants auxiliaires.

A quoi tient cette différence?

Tout simplement à ce que le vaisseau rencontre dans l'eau qui le porte une résistance suffisante pour neutraliser, au moins en partie, l'action du vent. Au moyen de cette résistance il devient facile, soit à l'aide de ses voiles, soit par l'effet d'un moyen mécanique quelconque, de lui imprimer une direction qui lui soit propre, c'est-à-dire qui ne soit pas la même que celle du vent.

Que faut-il donc pour que le ballon ressemble au vaisseau et puisse être dirigé comme lui?

Après ce qui précède, la réponse est facile. Il faut créer la résistance qui lui manque; il faut annihiler l'action du vent, en la contre-balançant par une force contraire.

Circonscrite dans ces termes, la difficulté, on le voit, est déjà considérablement amoindrie. Pour la faire disparaître tout à fait, il ne reste plus maintenant qu'à démontrer la possibilité de créer cette résistance qui doit tenir le vent en échec et contre-balancer sa puissance.

Plusieurs moyens peuvent produire ce résultat. Comme exemple, j'indique celui ci-après :

Qu'on suppose deux hélices (1) de très-grande dimension, placées, l'une à droite et l'autre à gauche du ballon (2), agencées de manière à ce que leur mouvement de rotation ait lieu parallèlement à la longueur de l'appareil, et pouvant à volonté et selon le besoin, tourner dans un sens ou dans l'autre.

Ces hélices, mises en mouvement, auront nécessairement pour effet d'entraîner le ballon soit de droite à gauche, soit de gauche à droite, selon le sens de la rotation qui leur sera imprimée.

Cela posé, leur rôle quant à l'objet qui nous

(1) Par sa simplicité, l'extrême facilité de son action, et cette propriété qui lui est particulière d'agir entièrement immergée dans le fluide atmosphérique, l'hélice constitue assurément le meilleur agent de propulsion dont la navigation aérienne puisse se servir, tant pour combattre les effets du vent que pour procurer la marche dans l'air. (Voir plus loin la description des hélices-propulseurs.)

(2) Il s'agit ici d'un ballon de forme allongée bien entendu.

occupe se devine facilement. Pour combattre avec leur concours l'influence du vent, il suffira de les mettre en mouvement tantôt dans un sens et tantôt dans l'autre, mais toujours de manière à ce qu'elles se vissent dans l'air du côté d'où vient le vent. N'est-il pas de toute évidence, en effet, qu'elles tendront alors à entrainer latéralement le ballon dans une direction opposée à celle du vent, et qu'elles fourniront ainsi la résistance cherchée ?

Reste une dernière question à examiner. Cette résistance, dans quelle proportion se produira-t-elle ? Sera-t-elle assez considérable pour équilibrer la force du vent ?

Avec les moteurs dont la navigation aérienne peut actuellement disposer, cela ne peut faire l'objet d'aucun doute.

L'industrie, en effet, est en mesure aujourd'hui de construire des moteurs réunissant à une grande légèreté une puissance considérable, et il est parfaitement démontré qu'un ballon de la dimension nécessaire pour effectuer de véritables voyages aériens, muni d'un de ces moteurs, pourra facilement disposer d'une force égale et même supérieure à celle du vent (1).

Il est bien entendu que je suppose le ballon voyageant par un vent ordinaire, et non par un vent violent qui aurait pris les proportions d'une tempête ou d'un ouragan. Dans les cas de cette nature, ce qu'il y aura de mieux à faire, ce sera de gagner les hautes et calmes régions de l'air, ou de descendre à terre et de s'y abriter jusqu'à ce que la tempête soit apaisée.

Nota. — J'ai cité de préférence le moyen que je viens de décrire, parce qu'il est le plus propre à démontrer que l'action du vent sur le ballon peut être victorieusement combattue; mais je n'entends point par là proposer son

(1) Voir au surplus ci-après, aux pages 68 et 69, la démonstration de la puissance des hélices.

emploi exclusif dans la future nautique aérienne. Dans la deuxième partie du chapitre qui va suivre (partie où il est traité de la propulsion par des voies purement mécaniques), j'en proposerai, au contraire, un second, moins énergique, mais beaucoup plus simple, qui devra dans certains cas le remplacer avec avantage.

CHAPITRE IV

APPAREIL

Avant de décrire l'ensemble des moyens
que je propose pour procurer la marche et la
direction dans l'air, je dois faire observer que
la navigation aérienne, comme la navigation
maritime, comporte deux moyens de propulsion distincts : — la propulsion par les voiles,
avec le vent pour moteur, — et la propulsion
par un agent mécanique, tel que l'hélice, par
exemple, prenant son point d'appui dans l'air.

En conséquence, la description que je vais

donner sera divisée en deux parties, l'une traitant de la propulsion par les voiles, et l'autre de la propulsion par des voies purement mécaniques.

PREMIÈRE PARTIE

PROPULSION PAR LES VOILES

Je tire la force ascensionnelle d'un ballon en taffetas verni ou caoutchouté (1), de forme allongée, légèrement bombé à sa partie supérieure, et terminé à ses deux extrémités par une demi-sphère. (*Fig.* 1 et 2 — AA.)

(1) J'indique le taffetas comme étant pour cet usage le meilleur des tissus actuellement connus. Il y a lieu de penser que dans l'avenir on se servira d'enveloppes métalliques.

A l'intérieur de ce ballon, et à sa partie inférieure, je place un autre ballon de dimension beaucoup moindre, destiné à procurer à volonté l'ascension et la descente sans perte de lest ni de gaz. Ce dernier ballon communique avec un réservoir à gaz comprimé placé dans la nacelle, et à l'aide d'un mécanisme particulier, il peut être alternativement rempli de gaz ou d'air ordinaire, selon qu'on veut monter ou descendre. (*Fig.* 2 — BB.)

Un filet recouvre le ballon principal. (*Fig.* 1 et 2 — A'A'.)

A l'extrémité inférieure de ce filet, et sous le ballon, est suspendue une sorte de charpente horizontale en bois, qui sert de support aux hélices et aux voiles dont il va être parlé. (*Fig.* 1 et 2 — CCCCCC.)

A droite et à gauche du ballon se trouvent placées deux hélices à deux branches, que j'appelle latérales à cause de la situation qu'elles occupent. Ces hélices, dont la longueur totale doit être à peu près égale au diamètre du ballon, sont agencées de manière à ce que leur axe fasse angle droit avec la longueur de l'appareil. Elles reçoivent l'impulsion d'un moteur (machine à vapeur ou à air dilaté), placé dans la nacelle. (*Fig.* 1 et 2 — DD.)

Devant et derrière le ballon sont deux plans inclinés ou voiles verticales rigides, montés sur pivot, obliquant à volonté dans un sens ou dans l'autre. (*Fig.* 1 et 2 — EE.)

Sous le ballon, devant et derrière la nacelle, deux plans inclinés montés. comme les précédents, mais agissant dans le sens horizontal, et que j'appelle pour cette raison voiles horizontales rigides. (*Fig.* 2 — FF.)

Enfin, au-dessous du tout, la nacelle destinée à contenir les voyageurs, les approvisionnements, le moteur et une partie des engins nécessaires à la marche de l'appareil. (*Fig.* 2 — G.)

Cette nacelle est reliée à la charpente fixe ci-dessus décrite, par plusieurs montants en bois ou en fer *Fig. 2* — HHHHH , et rattachée au filet qui recouvre le ballon par un système de cordages ayant pour objet d'empêcher les oscillations et de consolider, en les rendant solidaires l'une de l'autre, toutes les parties du navire aérien.

FONCTIONNEMENT DU NAVIRE AÉRIEN A VOILES

Les hélices-latérales DD ont pour objet d'opposer à l'action perturbatrice des courants d'air une résistance égale à leur force. Elles tournent par conséquent de manière à se visser dans l'air [1] vers l'un des côtés du navire et

(1) La portée et le but essentiellement pratiques de ce livre m'interdisent d'entrer ici dans de longs détails pour expliquer théoriquement l'action des hélices dans l'air. Il me suffira de dire que cette action est certaine, et qu'elle repose sur les mêmes principes que celle des hélices marines, qui dans l'eau servent à faire marcher les bateaux à vapeur.

dans une direction opposée à celle du vent. Leur mouvement de rotation doit être plus ou moins rapide, selon que le vent a plus ou moins de force. Il doit être calculé de manière à *équilibrer* cette force.

Ce résultat obtenu, le navire aérien se trouve placé exactement dans les mêmes conditions que le navire aquatique à voiles. Ce qui fait marcher celui-ci, c'est la décomposition de la force du vent au moyen de l'inclinaison des voiles. Le même moyen produira évidemment le même effet sur le navire aérien, et rien n'est plus facile que de l'employer dès que l'action du vent, au lieu de ne trouver que le vide devant soi, rencontra au contraire une résistance énergique. Il suffira alors d'incliner les voiles verticales EE qui se trouvent devant et derrière le ballon, de manière à ce qu'elles présentent du côté d'où vient le vent leur extrémité latérale la plus avancée. (Voir dans la figure 1re la situation de ces voiles

par rapport à la direction du vent, repré-
sentée par les flèches JJ. La force du vent,
qui ne pourra produire son effet en poussant le ballon devant elle à cause de la
résistance qui lui sera opposée par les hélices-
latérales, se décomposera à l'aide de l'inclinaison des voiles et poussera le ballon sur le
côté ; l'appareil marchera dans la direction
des flèches LL, c'est-à-dire *en travers du vent*.

Comme on le voit par cette démonstration,
les hélices-latérales sont ici l'âme de tout le
système. Sans elles, l'appareil tout entier,
ballon, voiles et le reste, deviendrait l'esclave
du vent et fuirait sous son effort. Avec elles,
au contraire, l'appareil résiste à l'action
du vent ; celui-ci, d'ennemi qu'il était, se
transforme en un bienveillant auxiliaire, et
l'emploi des voiles comme moyen de propulsion devient possible.

Indépendamment de leur objet principal,
qui est de procurer l'impulsion de marche au

navire, les voiles verticales EE pourront encore servir à le diriger, c'est-à-dire à le faire obliquer, quand besoin sera, dans un sens ou dans l'autre. On en obtiendra ce résultat en les inclinant dans des proportions différentes, c'est-à-dire en donnant à l'une d'elles un degré d'inclinaison très-prononcé, tandis que l'autre ne sera presque pas inclinée ou même, dans certains cas, ne recevra absolument aucune inclinaison. Le vent agira alors d'une manière plus directe, et, par conséquent, avec plus d'effet, sur la voile la moins inclinée, et l'obligera à fuir devant lui. L'autre voile ne subissant pas la même influence, le navire pivotera sur lui-même, et prendra le degré d'obliquité ou d'inclinaison qu'on voudra lui donner.

Ceci sera rendu plus sensible par un exemple :

Supposons un vent soufflant de droite à gauche par rapport à la marche du navire.

Voulons-nous obliquer à droite?

Nous inclinons la voile de l'avant et laissons celle de l'arrière dans une position parallèle à la ligne que suit le navire, c'est-à-dire sans aucune inclinaison.

Que va-t-il arriver?

Le vent frappant d'aplomb sur la voile de l'arrière, la poussera avec force devant lui.

Son action ne sera pas la même sur la voile de l'avant. Il glissera sur cette voile à cause de son inclinaison et la poussera, non devant lui, mais sur le côté, ainsi que cela a déjà été démontré.

Le centre du navire, armé de ses hélices-latérales, résistera.

Ne conçoit-on pas que dans cette situation, et sous l'influence de ces forces diverses et inégales, le navire devra forcément pivoter sur lui-même et porter sa partie antérieure à droite, pendant que l'autre partie se portera à gauche?

5.

Si on avait voulu obliquer à gauche, il est bien évident qu'on aurait dû effectuer une manœuvre tout opposée, c'est-à-dire incliner la voile de l'arrière et ne donner à l'autre aucune inclinaison.

J'ai cru devoir indiquer ce moyen de direction, parce qu'il aurait l'avantage de rendre inutile le gouvernail, et par suite de simplifier la structure et l'agencement de l'appareil.

Mais je n'entends nullement rejeter d'une manière absolue l'emploi du gouvernail. Je suis d'avis qu'on devra comparer l'un et l'autre moyen, et adopter en dernier lieu celui qui présentera les plus grands avantages. Si un gouvernail est reconnu nécessaire, il devra être placé sous la voile verticale de l'arrière (*Fig.* 2 — I).

Quel que soit le moyen de direction adopté, il est facile de comprendre qu'avec le navire aérien *à voiles*, pas plus qu'avec le navire aquatique *à voiles,* on ne pourra marcher contre le vent.

Par suite, lorsque le but à atteindre se trouvera dans une direction tout à fait opposée à celle du vent, on devra faire ce que font en pareil cas les vaisseaux en mer, c'est-à-dire louvoyer.

Je passe maintenant à la fonction des voiles horizontales rigides.

Elle consiste à procurer à volonté, mais seulement pendant la marche, l'ascension et la descente sans perte de lest ni de gaz.

La simple inclinaison de ces voiles, par rapport à la ligne horizontale, suffit pour donner ce résultat. Elles forment ainsi des plans inclinés qui glissent obliquement sur l'air, soit de bas en haut, si leur extrémité antérieure est la plus élevée, soit de haut en bas, si c'est le contraire qui a lieu. L'appareil tout entier subit leur impulsion et monte ou descend en pentes douces avec elles.

On pourra trouver que les voiles horizontales font double emploi avec le ballon intérieur, qui doit aussi procurer l'ascension et la descente sans perte de lest ni de gaz ; mais il faut remarquer que le mode d'action de ces deux engins n'est pas exactement le même. Le ballon intérieur produit *verticalement* l'ascension et la descente, et il agit aussi bien quand le navire est en repos que lorsqu'il est en marche. Les voiles horizontales, au contraire, ne font monter et descendre l'appareil qu'en suivant une direction inclinée qui les élève ou les abaisse lentement et graduellement, et, ainsi que je l'ai dit plus haut, elles ne peuvent agir que pendant la marche du navire.

Il y a lieu de penser qu'on pourra retirer de chacun de ces engins des services utiles, en les faisant agir soit simultanément, soit séparément, selon les besoins et selon le mode d'action propre à chacun d'eux.

Les voiles horizontales, habilement ma-
nœuvrées, devront surtout servir à empêcher
ou au moins diminuer les ascensions et les
descentes partielles qui, par suite de chan-
gements de température ou d'effets électri-
ques encore peu connus, se produisent assez
fréquemment quand le navire flotte dans l'espace. Elles rendront ainsi la marche du navire aussi *horizontale* que possible.

Comme on le voit par ce qui précède, le
navire aérien à voiles, tel que je viens de le
décrire, peut procurer la marche et la direction. Mais en raison de la simplicité de ses
moyens de propulsion, j'estime que sa marche
sera peu rapide, surtout lorsqu'on voyagera
par un temps calme.

Cet appareil me paraît destiné à rendre
dans l'avenir, toute proportion gardée, bien
entendu, des services analogues à ceux de la
navigation maritime à voiles; c'est-à-dire
qu'il devra être affecté de préférence au trans-

port des lourds fardeaux, pour lesquels la vitesse n'est qu'une condition secondaire.

Lorsqu'on voudra plus de vitesse et des effets généraux plus complets, on devra recourir à l'appareil à propulsion mécanique dont la description va suivre.

DEUXIÈME PARTIE

PROPULSION MÉCANIQUE

Le navire aérien à propulsion mécanique, dans la plupart de ses parties essentielles, est construit et agencé de la même manière que le navire aérien à voiles.

Ainsi sont conservés dans cet appareil, sans aucun changement :

Le ballon principal. (*Fig.* 3 et 4 — AA.)

Le ballon intérieur. (*Fig.* 4 — BB.)

Le filet qui recouvre le ballon principal.
(*Fig.* 3 et 4 — A'A'.)

La charpente fixe. (*Fig.* 3 et 4 — CCCCCC.)

Les hélices-latérales. (*Mêmes fig.* — DD.)

Et la nacelle avec son moteur. (*Fig.* 4 — G.)

Outre ces engins, le nouvel appareil comprend ceux ci-après :

Devant et derrière le ballon, aux endroits occupés par les voiles verticales dans l'appareil précédemment décrit, sont installées deux hélices-propulseurs (*Fig.* 3 et 4 — OO), absolument semblables de forme et de dimensions aux hélices-latérales précédemment décrites, et qui, comme ces dernières, reçoivent l'impulsion du moteur placé dans la nacelle (1).

(1) J'appelle tout particulièrement l'attention sur les dimensions considérables données à ces hélices, aussi bien, du reste, qu'aux hélices-latérales. (Voir les figures 1, 2, 3 et 4.) Par suite de l'extrême mobilité de l'air et de la faiblesse du point d'appui qu'il présente, ce n'est qu'à cette condition que les unes et les autres pourront agir avec toute l'efficacité désirable.

Ces hélices sont agencées de manière à ce que leur axe soit parallèle à la longueur du ballon. Elles forment, par conséquent, angle droit avec les hélices-latérales.

Sous le ballon, devant et derrière la nacelle, sont deux voiles verticales agencées comme celles du premier appareil, mais ayant plus de hauteur et moins de largeur. (*Fig.* 4 — EE.)

A droite et à gauche de la nacelle, deux voiles horizontales entièrement semblables à celles du premier appareil. (*Fig.* 4 — F.)

Enfin au-dessous de l'hélice-propulseur de l'arrière, un gouvernail. (*Fig.* 4 — I.)

FONCTIONNEMENT DU NAVIRE AÉRIEN A PROPULSION MÉCANIQUE.

Dans ce système les hélices-propulseurs OO ont pour objet, comme leur nom l'indique, de donner l'impulsion de marche au navire.

Mises en mouvement par le moteur placé
dans la nacelle, elles se vissent dans l'air du
côté où se trouve le but à atteindre, et en-
traînent vers ce but, l'une tirant et l'autre
poussant, tout l'appareil avec elles 1 .

Les effets si remarquables obtenus dans
les essais dont je parle en tête de ce livre,
avec un appareil d'une extrême petitesse
et une force motrice presque nulle, ne peuvent laisser aucun doute sur les merveil-
leux résultats qu'on doit attendre de l'emploi
des hélices-propulseurs, telles que je les propose, dans la future nautique aérienne. Adap-
tées à un aérostat de dimension assez vaste
pour emporter avec lui une force motrice

(1) Je dois faire remarquer ici que j'attends beaucoup
moins de résultat de l'hélice-propulseur qui précédera le
navire en marche que de celle qui le suivra, à cause du
remous ou courant d'air que cette hélice projettera contre
le ballon. Si l'expérience démontrait que par suite de cet
inconvénient l'hélice-propulseur de l'avant ne rend pas
de services réels, il ne faudrait pas hésiter à la supprimer.

d'une grande puissance, elles dévoreront l'espace sans qu'il leur coûte de grands efforts, et laisseront bien loin derrière elles, sous le rapport de la vitesse, tous les moyens de transport connus jusqu'à ce jour.

Ce sont les puissantes facultés de ces agents de propulsion qui forment la base essentielle et distincte du système actuellement décrit. Elles lui assignent incontestablement le premier rang parmi les moyens de locomotion applicables à la navigation dans l'air.

Les autres engins particuliers à ce système sont utilisés de la manière suivante :

Le gouvernail agit comme ceux des navires aquatiques. Il fait obliquer la marche du navire du côté où on l'incline lui-même.

Les voiles horizontales, bien que n'occupant plus la même position que dans le premier appareil, ont néanmoins encore la même fonction, qui est de procurer l'ascension et la descente sans perte de lest ni de gaz.

Les hélices-latérales ont pour mission ici de rectifier la marche du navire, en le maintenant ou le ramenant dans la voie qu'il doit suivre, lorsqu'il tend à s'en écarter sous l'influence d'un vent défavorable.

La même fonction est réservée aux voiles verticales. Elles constituent, sous cet aspect, le second moyen de résistance à l'action du vent dont il est parlé plus haut, à la fin du chapitre III.

J'indique ces deux moyens pour arriver à un même résultat, parce que chacun d'eux me paraît offrir des avantages particuliers. Si, en effet, le premier est plus énergique, le second est plus simple et d'un emploi plus facile. L'expérience décidera si l'un de ces deux moyens doit être définitivement préféré à l'autre, ou bien s'ils doivent être conservés tous les deux, pour être employés tantôt ensemble et tantôt séparément, selon les circonstances.

Le mode d'action des hélices-latérales, dans leur application nouvelle, reste exactement le même que celui indiqué dans la première partie du présent chapitre.

Il en est autrement des voiles verticales.

. Le principe en vertu duquel elles agissent dans le sens de la nouvelle fonction qui vient de leur être attribuée est le même qui donne l'ascension et la descente par une simple inclinaison des voiles horizontales. C'est le principe du plan incliné.

Les voiles verticales ainsi utilisées ont besoin, pour fonctionner, du concours des hélices-propulseurs ; car c'est seulement quand le navire est en marche qu'elles peuvent s'appuyer sur l'air et y rencontrer cette résistance mobile d'où les plans inclinés tirent toute leur puissance.

Pour les faire agir on devra les incliner de manière à ce qu'elles présentent du côté d'où vient le vent leur extrémité latérale la plus avancée. Elles glisseront ainsi obliquement sur la masse d'air qui leur fera résistance, et il en résultera une déviation de tout l'appareil dans le sens opposé à la direction du vent.

Cet effet sera d'autant plus prononcé que la marche du navire sera plus rapide. Dans beaucoup de cas, et surtout quand le vent sera faible, les voiles verticales, fonctionnant ainsi, suffiront à elles seules pour annihiler l'action du vent, et rendront par suite l'emploi des hélices-latérales inutile.

A ce propos il est bon de remarquer que pour contre-balancer la force du vent, il ne sera pas besoin d'une force contraire aussi considérable qu'on le suppose généralement.

Ceci demande, pour être bien compris, quelques développements.

Il est en mécanique un principe élémentaire qui peut se résumer ainsi :

Lorsqu'un corps est sollicité à la fois par

6.

deux forces qui tendent à l'entraîner dans des directions différentes, formant entre elles un angle plus ou moins ouvert, il ne suit ni l'une ni l'autre de ces directions, et prend une direction intermédiaire.

Si les deux forces sont égales, cette direction intermédiaire est juste le milieu.

Si elles sont inégales, la direction intermédiaire se rapproche de la direction imprimée par la force la plus considérable, et s'éloigne de l'autre.

Il s'agit de faire l'application de ce principe au cas qui nous occupe.

Le corps sollicité, c'est le ballon. Les deux forces, ce sont : d'une part, le vent, et d'autre part, les hélices-propulseurs.

Supposons maintenant (voir la *fig.* 5), un ballon représenté par le point A, le vent soufflant d'A en B, et les hélices-propulseurs exerçant leur action d'A en C.

Le ballon A sera sollicité à la fois d'A en B et d'A en C.

Si la force du vent et celle des hélices-propulseurs sont égales, le ballon marchera évidemment d'A en D, terme moyen entre les deux directions.

Si la force des hélices est plus considérable, il marchera d'A en E, d'A en F, etc., selon le degré de supériorité de la force des hélices sur celle du vent.

Comme on le voit par cet exemple, en ce qui concerne la lutte à soutenir contre le vent, les hélices-propulseurs feront indirectement une grande partie de la besogne, et pour rectifier la marche du navire il ne sera plus besoin, par suite, d'une force égale à celle du vent, mais seulement du supplément de force nécessaire pour combler la différence entre la force du vent et le résultat déjà obtenu.

On trouvera peut-être que j'amoindris à

plaisir les difficultés et que je fais un raisonnement de fantaisie quand je parle de la supériorité possible de la force des hélices sur celle du vent.

Je rappelle à cet égard que mon raisonnement est basé non sur une théorie abstraite plus ou moins exacte, mais sur des faits, c'est-à-dire sur des expériences faites en plein air avec de petits aérostats.

Malgré l'excessive pauvreté des moyens dont je pouvais disposer dans ces expériences, j'ai obtenu des résultats concluants. Que serait-ce donc si l'on opérait en grand et qu'on pût disposer d'une force motrice considérable!

Si maintenant on s'avisait de me dire que cette force motice considérable ne pourra, sur une grande échelle, transmettre sa puissance aux hélices à cause de la faiblesse du point d'appui que celles-ci trouveront dans l'air, je répondrais par l'exemple des moulins à vent.

Leurs ailes mettent en mouvement des

meules énormes et tout un mécanisme compliqué. Il faut pour cela une très-grande puissance. Qui leur communique cette puissance? — Le vent qui les pousse en *s'appuyant* sur leurs surfaces inclinées.

Or, si le vent, c'est-à-dire *l'air en mouvement*, peut produire cette somme de travail ou de force en *s'appuyant sur des ailes de moulin*, pourquoi donc ces ailes de moulin, devenues hélices et mises en mouvement par une machine à vapeur de même force que le vent, ne pourraient-elles la produire en *s'appuyant sur l'air?*

N'est-il pas évident enfin que si la force qui fait mouvoir les hélices était supérieure à celle du vent, la somme de travail fournie par les hélices serait également supérieure à celle produite par le vent ?

CHAPITRE V

Les personnes peu familières avec les
sciences abstraites seront sans doute portées
à traiter d'illusion l'immense supériorité attribuée dans le cours de ce livre, sous le rapport des résultats, aux grands aérostats sur
ceux de petite dimension. Si les grands aérostats, diront-elles, ont plus de force ascensionnelle et peuvent, par suite, disposer
d'une force motrice plus considérable, ils auront aussi plus de surface et offriront à l'air
plus de résistance. Les conditions, par suite,

resteront les mêmes, et il n'en pourra résulter plus de vitesse..

Ce raisonnement, logique en apparence, n'a en réalité aucun fondement ; car il repose sur une erreur.

Je vais démontrer en quoi consiste cette erreur, et j'établirai du même coup la vérité de mes assertions sur les magnifiques ressources de la grande aérostation.

On sait que la force ascensionnelle d'un aérostat est en raison de son volume, c'est-à-dire de la quantité de gaz qu'il contient.

On sait, d'un autre côté, que la résistance qu'il a à vaincre est en raison de la surface qu'il oppose à l'air pendant la marche.

Cela posé, voyons si les conditions restent les mêmes pour les grands et pour les petits aérostats.

Pour qu'il en soit ainsi, il faudrait évidemment que la proportion entre le volume et la surface qui doit frapper l'air fût toujours la même, quelle que soit la dimension de l'aérostat. Il faudrait, en d'autres termes, qu'entre un petit et un grand aérostat, l'augmentation de volume et l'augmentation de la surface frappant l'air, eussent lieu dans des proportions toujours égales.

Or, la géométrie démontre que les volumes, qui sont composés de *cubes*, acquièrent, quand leur dimension augmente, un accroissement infiniment supérieur à celui des surfaces, qui ne comprennent que des *carrés*.

En appliquant ce principe à la question qui nous occupe, on arrive nécessairement à cette conclusion, qu'entre deux aérostats de dimensions différentes, l'accroissement de la force ascensionnelle, qui est en raison du volume, doit être de beaucoup supérieur à l'accroissement de la résistance, qui est en raison de la surface. Il y a lieu de remarquer, en outre, que la différence entre ces accroissements, ayant sa source dans les principes qui régissent les progressions géométriques, devra se produire dans des proportions de plus en plus considérables, à mesure qu'elle portera sur des chiffres plus élevés.

Les conditions, on le voit, sont loin de rester les mêmes, et les variations qu'elles subissent sont éminemment favorables à la grande aérostation.

Mais en pareille matière rien n'est éloquent comme les chiffres, et c'est par des chiffres que je termine cette démonstration.

Supposons quatre aérostats de forme cylindrique, auxquels nous assignerons, pour les distinguer, les n⁰ˢ 1, 2, 3 et 4.

Donnons-leur les dimensions suivantes :

	DIAMÈTRE.	LONGUEUR.
Nº 1.	1 mètre.	5 mètres.
Nº 2.	4 —	20 —
Nº 3.	12 —	60 —
Nº 4.	20 —	100 —

Voyons maintenant quelles seront les dimensions respectives de leurs volumes et des surfaces qu'ils offriront à la résistance de l'air pendant la marche (1).

Voici les résultats en chiffres ronds :

N⁰ˢ	Volume en mètres cubes ou force ascensionnelle en kilogrammes (2)	SURFACE LATÉRALE EN MÈTRES CARRÉS	SURFACE DE L'AVANT EN MÈTRES CARRÉS
N° 1	4 m.	5ᵐ ou 1/4 de fois plus que le nombre de mètres cubes représentant le volume	0ᵐ8000 ou 1/5 du nombre de mètres cubes représentant le volume.
N° 2	250 m.	80ᵐ ou 1/3 (environ) du nombre de mètres cubes représentant le volume.	12ᵐ5000 ou 1/20 » »
N° 3	6,720 m.	720ᵐ ou 1/9 » »	112ᵐ ou 1/60 » »
N° 4	31,400 m.	2,000ᵐ ou 1/16 » »	314ᵐ ou 1/100 » »

1. En raison de la forme convexe des aérostats, il existe une différence assez sensible entre leurs surfaces réelles et celles qu'ils offrent à la résistance de l'air pendant la marche. Celles-ci sont moindres. Avec un aérostat de forme cylindrique, elles sont égales, savoir :

La surface latérale, à celle du parallélogramme formé par la longueur et la hauteur de l'aérostat ;

Et la surface de l'avant, à celle du cercle décrit par sa circonférence.

(2) On sait que chaque mètre cube de gaz contenu dans un aérostat représente une force ascensionnelle d'environ un kilogramme.

Ce qui revient à dire qu'avec des aérostats ayant les dimensions qui viennent d'être indiquées, les surfaces opposées à l'air correspondant à chaque kilogramme de force ascensionnelle seront, savoir :

NUMÉROS	SURFACE LATÉRALE EN MÈTRES CARRÉS.	SURFACE DE L'AVANT EN MÈTRES CARRÉS.
Pour le n° 1, de	1^{m}1250	0^{m}2000 ou 1/5 de mètr^e carré.
Pour le n° 2, de	0^{m}3200 ou 1/3 (envir.) de mét. carré	0^{m}0500 ou 1/20 » »
Pour le n° 3, de	0^{m}1071 ou 1/9 , »	0^{m}0166 ou 1/60 » »
Pour le n° 4, de	0^{m}0636 ou 1.16 » »	0^{m}0100 ou 1/100 » »

Ces chiffres n'en disent-ils pas plus long que tous les raisonnements possibles, et ne démontrent-ils pas d'une manière éclatante l'immense supériorité des grands aérostats sur ceux de petite dimension ?

On comprend toute l'importance de ce fait au point de vue de l'aérostation en général.

Les résultats relativement restreints obtenus avec de tout petits aérostats, prennent des

proportions gigantesques, quand on compare
les ressources si limitées de ces frêles appareils
à celles si étendues et si puissantes des grands
aérostats. Tous les doutes s'évanouissent devant ce rapprochement, et quelque soin que
l'on prenne de se mettre en garde contre un
enthousiasme irréfléchi ou immodéré, on est
forcément amené à reconnaître que le nouvel
art qui se fonde présente dans son ensemble,
et plus particulièrement dans les développements dont il est susceptible, les plus sérieux
éléments de succès.

CONCLUSION

Je crois avoir prévu, autant qu'il est possible de le faire dans une matière aussi neuve et aussi ardue, les difficultés réellement sérieuses de la navigation dans l'air. J'ai indiqué des moyens certains, que je puis même dire infaillibles, puisqu'ils ont été expérimentés avec succès, de procurer la marche dans l'air et de neutraliser la pernicieuse influence du vent.

Je puis affirmer hautement après cela que le problème de la navigation aérienne est résolu ; car ces deux résultats, joints à celui tiré de la puissance ascensionnelle des aérostats, suffisent certainement à eux seuls pour rendre cette navigation possible. Tout le reste n'est que secondaire et se perfectionnera en son temps, lorsque la théorie aura fait place à la pratique.

L'appareil que je soumets à l'appréciation du public est d'une grande simplicité ; son agencement diffère peu de celui des ballons ordinaires ; il présente toutes les garanties de solidité et de sécurité désirables (1).

(1) J'ai rejeté à dessein ces moyens excentriques qui séduisent au premier abord à cause de leur nouveauté, mais dont l'application serait pleine de périls, et qui, pour cette raison, ne sont pas réalisables.

Je veux parler des ballons dont le centre est occupé par la nacelle, de ceux qui sont traversés par un essieu en fer, et qui ne se rattachent à la nacelle que par les deux extrémités de cet essieu, etc., etc. — Le ballon est un instrument trop fragile pour se prêter à de telles combinaisons et à de pareils assemblages. Agencé ainsi, il craquerait de toutes parts dès la première heure de son ascension, en précipitant dans l'abîme les imprudents qui l'auraient travesti de la sorte.

Il reste maintenant à faire fonctionner en grand cet appareil. C'est peu de chose en apparence ; mais c'est beaucoup en réalité, à cause du capital à dépenser pour en arriver là. — Qui fournira ce capital? — Là est aujourd'hui toute la question ; là est le nœud gordien qui nous tient encore éloignés des bienfaits de la navigation aérienne !

Que faudrait-il pour trancher ce nœud gordien et réaliser un aussi admirable progrès? — Le meilleur moyen, et le plus digne à mon avis, serait un concours effectif du gouvernement, se traduisant par le prélèvement au budget de la somme nécessaire pour construire le premier aérostat dirigeable.

Cinquante mille francs suffiraient.

Qu'est-ce donc qu'une pareille somme pour un budget comme le nôtre ? Une goutte d'eau dans l'Océan. — Et avec cette goutte d'eau on pourrait révolutionner le monde !

Je supplie les hommes éminents qui occupent le pouvoir, de mettre dans la balance, d'une part l'exiguïté du sacrifice nécessaire, de l'autre l'immensité du résultat, et de ne pas se montrer plus longtemps indifférents pour une question qui intéresse au plus haut point l'humanité tout entière.

Dira-t-on que le succès n'étant pas absolument assuré à l'avance, le gouvernement commettrait une imprudence en s'exposant à faire un sacrifice inutile ?

A cela, je réponds que le sacrifice ne sera jamais inutile ; car en admettant même un insuccès, il est certain que l'expérience servirait encore à quelque chose, ne serait-ce qu'à montrer en quoi on s'est trompé. Même dans ce cas, elle ferait faire un pas à la science.

J'ajoute que fallût-il (ce que je ne crois pas), répéter l'expérience et renouveler plusieurs fois la dépense avant d'arriver au succès, on ne pourrait jamais dire, le succès une fois obtenu, qu'il a été payé trop cher.

Par le temps de progrès où nous sommes, serait-il donc possible qu'on voulût, de gaîté de cœur, renouveler ces erreurs scandaleuses qui ont autrefois accompagné les découvertes de Galilée, de Papin, de Fulton et de tant d'autres?

Je ne le puis croire, et j'aime mieux espérer que les tendances progressives de l'époque finiront par l'emporter ici comme en beaucoup d'autres cas de moindre importance. J'aime mieux penser surtout que L'Empereur, qui aime les grandes choses, ne refusera pas plus longtemps de favoriser l'éclosion d'une découverte qui suffirait à elle seule à l'illustration d'un règne, et qui aurait certainement pour résultat d'ajouter un nouvel éclat à la page glorieuse qu'il s'est déjà acquise dans l'histoire.

FIN

TABLE DES MATIÈRES

	Pages
Un mot au lecteur.	5
Chapitre Ier. — De la possibilité de voyager dans l'air.	11
Chapitre II. — Du choix des moyens à employer pour voyager dans l'air.	17
Chapitre III. — Réfutation des objections faites contre la direction des aérostats.	29
Chapitre IV. — Appareil.	45
Première partie. — Propulsion par les voiles.	45
Deuxième partie. — Propulsion mécanique.	58
Chapitre V. — Des immenses ressources de la grande aérostation, et de leur influence sur l'avenir de la locomotion aérienne.	71
Conclusion.	79

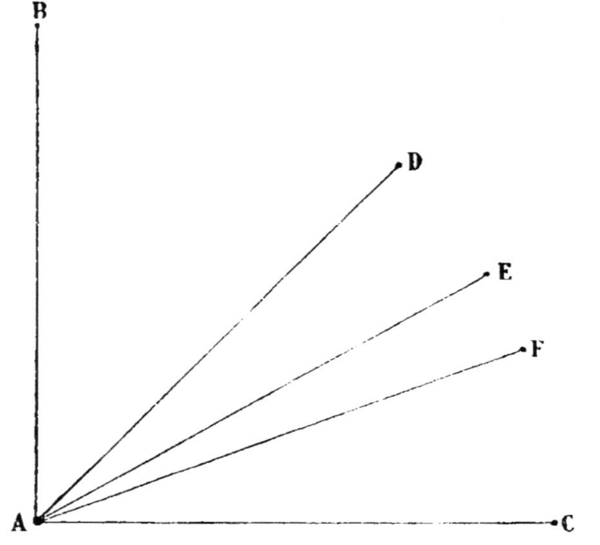

Fig. 5. — Décomposition des forces et marche du ballon dans l'air.